U0133427

林业草原科普读本

中国自然保护地 I

国家林业和草原局宣传中心
国家林业和草原局自然保护地管理司 编

中国林业出版社
China Forestry Publishing House

图书在版编目（CIP）数据

中国自然保护地 I / 国家林业和草原局宣传中心，国家林业和草原局自然保护地管理司编 . — 北京：中国林业出版社，2020.11（2023.10 重印）

（林业草原科普读本）

ISBN 978-7-5219-0904-3

Ⅰ.①中… Ⅱ.①国… Ⅲ.①自然保护区—中国—普及读物 Ⅳ.① S759.992-49

中国版本图书馆 CIP 数据核字（2020）第 213602 号

责任编辑：何 蕊 杨 洋 许 凯

执 笔：袁丽莉

装帧设计：五色空间

中国自然保护地 I

Zhongguo Ziran Baohudi I

出版发行 中国林业出版社

（100009，北京市西城区刘海胡同7号，电话：83143580）

电子邮箱：cfphzbs@163.com

网 址：www.forestry.gov.cn/lycb.html

印 刷：河北京平诚乾印刷有限公司

版 次：2021 年3月第1版

印 次：2023 年10月第2次印刷

开 本：787mm×1092mm 1/32

印 张：4.75

字 数：84千字

定 价：32.00元

中国是世界上生物多样性最丰富的国家之一，是世界上唯一具备几乎所有生态系统类型的国家。丰富的生物多样性不仅是大自然馈赠给中国的宝贵财富，也是全世界人民的共同财富。

党的十九大之后，中国特色社会主义新时代树立起了生态文明建设的里程碑，把"美丽中国"从单纯对自然环境的关注，提升到人类命运共同体理念的高度，将建设生态文明提升为"千年大计"。"人与自然是生命共同体，人类必须尊重自然、顺应自然、保护自然""像对待生命一样对待生态环境""生态文明建设功在当代、利在千秋"等价值观引领思潮，构筑尊崇自然、绿色发展的生态文明体系逐渐成为人们的共识。

十九届五中全会明确要坚持"绿水青山就是金山银山"理念，坚持尊重自然、顺应自然、保护自然，坚持节约优先、保护优先、自然恢复为主，守住自然生态安全边界。为了让更多人了解中国生态保护所做的努力，使生态保护、人与自然和谐共生的理念深入人心，国家林业和草原局宣传中心组织编写了"林业草原科普读本"，包括《中国国家公园》《中国草原》《中国自然保护地》等分册。

《中国自然保护地》主要介绍了中国自然保护地的定义、发展、分类，以及14项世界自然遗产和4项世界文化与自然双重遗产的基本情况。在每一章节的结尾，以问答的形式对核心知识点进行了梳理与注释。

自然保护地是生态建设的核心载体，是中华民族的宝贵财富，是美丽中国的重要象征，在维护国家生态安全中居于首要地位。建立自然保护地，有利于维护人与自然和谐共生并永续发展。希望通过这本书，大家可以开启一段具有中国特色的自然保护地之旅。

编者

2020 年 11 月

重庆四面山自然保护区

目录 CONTENTS

黑龙江南瓮河国家级自然保护区

第一章
认识自然保护地

　　国家公园、自然保护区以及风景名胜区、森林公园、地质公园等各类自然公园共同构成了我国的自然保护地体系，约占我国陆地国土面积的18%，承载着人与自然和谐发展的美好愿景，是全人类的共同财富。

　　经过60余年的保护与建设，中国已经逐步形成覆盖全国且布局较为合理、类型较为齐全、功能较为完备的自然保护地网络。

▲ 黑龙江呼中国家级自然保护区

3

▲ 黑龙江南瓮河国家级自然保护区

01　什么是自然保护地

　　自然保护地是由各级政府依法划定或确认，对重要的自然生态系统、自然遗迹、自然景观及其所承载的自然资源、生态功能和文化价值实施长期保护的陆域或海域。

　　为什么要建立自然保护地？

　　一是为了守护自然生态，保育自然资源，保护生物多样性与地质地貌景观多样性，维护自然生态系统健康稳定，提高生态系统服务功能；二是为了服务社会，为人民提供优质的生态产品，为全社会提供科

△ 普达措国家公园（试点）

研、教育、体验、游憩等公共服务；三是为了维持人与自然和谐共生并永续发展。

△ 白头叶猴

自然保护地是生态建设的核心载体，是中华民族的宝贵财富，是美丽中国的重要象征，在维护国家生态安全中居于首要地位。

⌃ 黄花落叶松

⌃ 朱鹮

冰沟丹霞

🔺 金猫

🔺 白颈长尾雉

一问一答

Q：建立自然保护地的目的是什么？

A：守护自然生态，保育自然资源，保护生物多样性与地质地貌景观多样性，维护自然生态系统健康稳定，提高生态系统服务功能；服务社会，为人民提供优质的生态产品，为全社会提供科研、教育、体验、游憩等公共服务，维持人与自然和谐共生并永续发展。

▲ 东北虎

▲ 太白堂扭角羚

02　自然保护地在中国

　　我国自然保护地60余年的保护与建设，经历了从无到有、从小到大、从单个保护地到区域生态安全屏障构建的发展过程，目前，已建立了数量众多、类型丰富、功能多样的各级各类自然保护地9184个、总面积18548.67万公顷，其中，国家级自然保护区474个，面积9834.12万公顷。同时，拥有世界自然遗产14项、世界文化与自然双重遗产4项、世界地质公园41个，数量均居世界第一位。

　　我国各级各类自然保护地有效地保护了90%

△ 南瓮河湿地

的典型陆地生态系统类型、85%的野生动物种类、65%的高等植物群落，成为优质生态产品的重要载体，在保护生物多样性、保存自然遗产、改善生态环境质量和维护国家生态安全方面发挥了重要作用。

在自然保护地建设的过程中，我国在国家公园体制试点建设等方面，都做出了巨大的努力，也取得了不错的成绩。

◁ 白头鹤

◬ 东方白鹳

◬ 黑颈鹤

△ 石竹花

△ 红腹角雉

△ 北黄花菜

△ 高山苔原

一问一答

Q：目前我国已建立国家级自然保护区多少个？总面积多少？

A：目前我国已建立国家级自然保护区 474 个，总面积 9834.12 万公顷。

△ 南麂列島三盘尾

03　自然保护地都包括哪些呢

● 国家公园

国家公园由国家批准设立并主导管理，是我国自然保护地最重要的类型之一，属于全国主体功能区规划中的禁止开发区域，以保护具有国家代表性的大面积自然生态系统为主要目的，实现自然资源科学保护和合理利用的特定陆地或海洋区域。

国家公园是我国自然生态系统中最重要、自然景观最独特、自然遗产最精华、生物多样性最富集的部

🔺 普达措国家公园（试点）

分，保护范围大，生态过程完整，具有全球价值、国家象征，国民认同度高。

我国共建设东北虎豹、祁连山、大熊猫、三江源、海南热带雨林、武夷山、神农架、普达措、钱江源、南山 10 个国家公园体制试点，2020 年结束试点，涉及 12 个省，总面积超过 22 万平方千米，约占国土陆域面积的 2.3%。

● 自然保护区

自然保护区是我国自然保护地体系的基础，自然保护区是指保护典型的自然生态系统、珍稀濒危野生

动植物物种的天然集中分布区、有特殊意义的自然遗迹的区域。自然保护区的面积一般较大，确保主要保护对象安全，维持和恢复珍稀濒危野生动植物种群数量及赖以生存的栖息环境。

我国的自然保护区分为三大类别、九个类型：自然生态系统类，包括森林生态系统类型、草原与草甸生态系统类型、荒漠生态系统类型、内陆湿地和水域系统类型、海洋和海岸生态系统类型；野生生物类，包括野生动物类型、野生植物类型；自然遗迹类，包括地质遗迹类型、古生物遗迹类型。

自然保护区的建设使国家重点保护的 300 余种珍稀濒危野生动物、130 多种珍贵树木的主要栖息地、

▲ 黑龙江南瓮河国家级自然保护区

▲ 四川唐家河国家级自然保护区

分布地得到了较好保护，对遏制生态恶化、维护生态平衡、优化生态环境以及保护生物多样性发挥了极为重要的作用。

● 自然公园

自然公园是指保护重要的自然生态系统、自然遗迹和自然景观，具有生态、观赏、文化和科学价值，可持续利用的区域，确保森林、海洋、湿地、水域、冰川、草原、生物物种等珍贵自然资源，以及所承载的景观、地质地貌和文化多样性得到有效保护。各类森林公园、地质公园、海洋公园、湿地公园、草原公园、沙漠公园等都是自然公园。

◎ 官山杜鹃花

◎ 野生紫荆花群落

● 森林公园

森林公园是以森林自然环境为依托，具有优美的景色和科学教育、游览休憩价值的一定规模的地域，

▲ 江津四面山国家森林公园

⚘ 江津四面山国家森林公园

经科学保护和适度建设，为人们提供旅游、观光、休闲和科学教育活动的特定场所，以大面积的人工林或天然林为主体。森林公园是一个综合体，它具有建筑、疗养、林木经营等多种功能，同时，也是一种以保护为前提、利用森林的多种功能为人们提供各种形式的自然生态体验服务及可进行科学文化活动的经营

▲ 老嘉山国家森林公园

管理区域。比较有名的森林公园有张家界国家森林公园、太白山国家森林公园、五台山国家森林公园等。

▲ 观音山国家森林公园

● **地质公园**

地质公园以具有特殊的地质科学意义、稀有的自然属性、较高的美学观赏价值，具有一定规模和分布范围的地质遗迹景观为主体，并融合其他自然景观与人文景观而构成的一种独特的自然区域。地质公园既是为人们提供具有较高科学品位的观光旅游、度假休闲、保健疗养、文化娱乐的场所，又是地质遗迹景观和生态环境的重点保护区域、地质科学研究与普及

的基地。建立地质公园主要有保护地质遗迹、普及地学知识、开展旅游促进地方经济发展等目的。截至 2020 年 7 月，我国先后分批次建立国家地质公园 277 个（含资格），如安徽黄山地质公园、云南石林地质公园、黑龙江五大连池地质公园等。

△ 冰沟丹霞

▲ 彩色丘陵

● 湿地公园

　　湿地公园是以具有显著或特殊的生态、文化、美学和生物多样性价值的湿地景观为主体，具有一定规模和范围，以保护湿地生态系统完整性、维护湿地生态过程和生态服务功能，并在此基础上以充分发挥湿地的多种功能效益、开展湿地合理利用为宗旨，可供公众游览、休闲或进行科学、文化和教育活动的特定湿地区域。大家熟知的湿地公园有太湖湿地公园、莲花湖湿地公园、汉石桥湿地公园等。

◔ 天鹅

◔ 湿地风光

◔ 沼泽湿地

▲ 休憩的红嘴鸥

● 草原公园

草原公园是以国家公园为主体的自然保护地体系的重要组成部分，是指具有较为典型的草原生态系统特征、有较高的生态保护和合理利用示范价值，以生态保护和草原科学利用示范为主要目的，兼具生态旅游、科研监测、宣教展示功能的特定区域。2020年8月29日，国家林业和草原局公布了内蒙古敕勒川国家草原自然公园、四川藏坝国家草原自然公园等39处全国首批国家草原自然公园试点建设名单，标志着我国国家草原自然公园建设正式开启。

▲ 草原夏季风光

● 沙漠公园

　　沙漠公园是为了保护荒漠生态系统的完整性划定的、需要特殊保护和管理，并适度利用其自然景观，开展生态教育、科学研究和生态旅游的自然区域。和森林、湿地一样，沙漠也是地球上的一种自然现象，除了人为原因导致的沙化土地需要采取人为措施加以恢复、通过人工干预重建生态系统外，大部分自然形成的沙漠是不能违背自然规律去强行干预的。一些典型的沙漠生态系统可以被保护起来，建立沙漠公园，在保护的前提下合理利用沙漠景观资源。新疆奇台硅化木国家沙漠公园、麦盖提国家沙漠公园都是较为有名的沙漠公园。

▲ 沙漠公园

● 海洋保护地

　　海洋自然保护地（海洋保护地）是推动海洋生态文明建设的重要抓手，在保护海洋生态系统、维护海洋生物多样性等方面具有不可替代的重要作用。目前海洋保护地依据保护体系划分为海洋国家公园（暂无）、海洋自然保护区和海洋自然公园（海洋公园）。截至 2019 年底，我国已初步建成以海洋自然保护区和海洋公园为代表的海洋保护地共计 271 处，总面积达 12.4 万平方千米，约占国家管辖海域面积的 4.1%。其中，建立海洋公园 111 处（包括国家级海洋公园 67 处，面积约 7263 平方千米），涉及 11 个

沿海省份，主要保护对象涵盖了红树林、珊瑚礁、滨海湿地、海湾、海岛等典型海洋生态系统以及文昌鱼、中华白海豚、海龟等珍稀濒危海洋生物物种。

△ 大乳山国家级海洋公园

⬥ 杭州西湖风景名胜区

• 风景名胜区

风景名胜区，是指具有观赏、文化或者科学价值，自然景观、人文景观比较集中，环境优美，可供人们游览或者进行科学、文化活动的区域。风景名胜区分为国家级风景名胜区和省级风景名胜区。为保护和传承珍稀和不可再生的风景名胜资源，国务院自1982年建立风景名胜区保护制度。截至目前，全国风景名胜区1051处，其中国家级风景名胜区9批共244处、省级风景名胜区807处，总面积约21.4万平方千米。中国国家级风景名胜区有泰山、黄山、秦皇岛北戴河、武夷山、峨眉山等。

武阳江风光

马鹿

▲ 四川贡嘎山国家级自然保护区

一问一答

Q：我国第一个自然保护区是哪里？

A：广东省鼎湖山国家级自然保护区。

▲ 川金丝猴——陕西佛坪国家级自然保护区

▲ 九华山世界地质公园

第二章
走进世界自然遗产

　　世界自然遗产是根据《保护世界文化和自然遗产公约》，列入联合国教科文组织《世界遗产名录》的具有突出价值的自然区域和文化遗存。中国于 1985 年 12 月加入《保护世界文化和自然遗产公约》。截至 2020 年，我国共有 55 项世界遗产，总数居世界第一。其中世界自然遗产 14 项，世界文化与自然双重遗产 4 项，数量均居世界第一，总面积达 6.8 万平方千米。14 项世界自然遗产分别为：武陵源，九寨沟，黄龙，三江并流，四川大熊猫栖息地，三清山，中国南方喀斯特，中国丹霞，澄江化石地，新疆天山，青海可可西里，神农架，梵净山，中国黄（渤）海候鸟栖息地（第一期）。

　　世界文化与自然双重遗产，是同时具备自然遗产与文化遗产两种属性者。泰山是中国也是世界上第一个世界文化与自然双重遗产。4 项世界文化与自然双重遗产分别为：泰山、黄山、峨眉山 - 乐山大佛、武夷山。

　　世界地质公园是单一、统一的地理区域，依照统一的保护、教育和可持续发展理念对那些具有国际地质意义的地点和景观进行可持续管理。截至 2020 年底，全球世界地质公园总数为161 个，其中中国拥有昆仑山、阿拉善沙漠、克什克腾、敦煌、五大连池、镜泊湖、张掖等 41 个世界地质公园。

　　在这一章的内容中，我们将走进 14 项世界自然遗产和 4 项世界文化与自然双重遗产。了解它，从而热爱它，保护它。相信看完本章，你一定会感慨祖国的壮阔、美丽！

01 武陵源世界自然遗产

　　武陵源地处湖南省张家界市北部，遗产地面积264平方千米，素有"奇峰三千、秀水八百"之美誉。造型之巧，意境之美，堪称大自然的"大手笔"。武陵源于1982年经国务院批准建设了中国第一个国家森林公园——张家界国家森林公园，1988年被列入国家重点风景名胜区，1992年被联合国教科文组织列入《世界遗产名录》，2004年被联合国教科文组织列入世界地质公园。

　　武陵源景色奇丽壮观，地处中亚热带北部常绿阔

▲ 武陵源世界自然遗产卧龙岭秋色

叶林植被区，植被丰富茂密，构成千峰披翠、四季常青的绿色世界，庇护着大量濒临灭绝的动植物物种。武陵源世界自然遗产美景卓越，遗产地以 3000 余座尖细的砂岩柱和砂岩峰组成的石英砂岩峰林地貌为主体景观，很多岩柱高达 200 余米。武陵源的森林覆盖率高达 85%，植被覆盖率高达 99%，中、高等植物 3000 余种，乔木树种 700 余种，可供观赏园林花卉多达 450 种；陆生脊椎动物 50 科 116 种。

因此，武陵源被称为"自然的迷宫""地质的博物馆""森林的王国""植物的百花园""野生动物的乐园"。

一问一答

Q：中国第一个国家森林公园在哪里？

A：张家界国家森林公园。

武陵源

▲ 武陵源

02 九寨沟世界自然遗产

　　九寨沟是世界自然遗产、国家级自然保护区、国家地质公园、世界生物圈保护区网络、国家级风景名胜区，也是中国第一个以保护自然风景为主要目的的自然保护区。

　　九寨沟世界自然遗产位于四川省阿坝藏族羌族自治州九寨沟县境内，遗产地面积 720 平方千米，缓冲区 620 平方千米，最高海拔 4800 多米。九寨沟以色彩艳丽、纯净的高山湖泊群和奇异壮观的钙华瀑布群而闻名，是国内唯一一处以高山湖泊群和瀑布群为主体的遗产地。九寨沟地处青藏高原向四川盆地的过渡地

带，由于各种地质作用和喀斯特钙华沉积，形成了举世罕见的喀斯特地貌和壮观的钙华瀑布，具有丰富的原生植物、珍稀濒危的野生动植物和保存完好的第四纪冰川遗迹。九寨沟完整保存了森林生态系统，植被覆盖率达85.5%。生物多样性丰富，有动植物 3634 种，且分布有很多濒临灭绝的动植物物种，包括大熊猫和四川扭角羚等。1992 年九寨沟被列入《世界遗产名录》。

　　九寨沟国家级自然保护区主要保护对象是国家一级重点保护野生动物大熊猫、金丝猴等珍稀野生动物及其自然生态环境。区内高等植物中有 74 种国家保护的珍稀植物，其中国家一级重点保护野生植物有银杏、红豆杉和独叶草 3 种；二级重点保护野生植物 66 种。此外，保护区还有极为丰富的古生物化石。

▲ 九寨沟

一问一答

Q：九寨沟名字中的"九寨"指的是哪9个寨子？

A：九寨沟得名于景区内9个藏族寨子：树正寨、则查洼寨、黑角寨、荷叶寨、盘亚寨、亚拉寨、尖盘寨、热西寨、郭都寨，这9个寨子又称为"和药九寨"。

03　黄龙世界自然遗产

　　黄龙世界自然遗产地位于四川省阿坝藏族羌族自治州松潘县境内，面积约 600 平方千米。以独特的钙华沉积景观和丰富的动植物资源著称，黄龙沟连绵分布的钙华段长达 3600 米，彩池多达 3400余个，边石坝最高达 7.2 米，是一座名副其实的天然钙华博物馆。并伴有雪山、瀑布、原始森林、峡谷等景观。黄龙以彩池、雪山、峡谷、森林这"四绝"著称于世，再加上滩流、古寺、民俗称为"七绝"。

⚠ 黄龙五彩池

　　黄龙风景名胜区既以独特的岩溶景观著称于世，也以丰富的动植物资源享誉人间。遗产地内分布国家重点保护野生动植物 49 种。其中包括国家一级重点保护野生动物大熊猫、川金丝猴、牛羚等 11 种，国家一级重点保护植物珙桐、独叶草、红豆杉、南方红豆杉等。黄龙景区的特殊岩溶地貌与珍稀动植物资源相互交织，浑然天成，并以其雄、峻、奇、野景观特色，享有"世界奇观""人间瑶池"的美誉。1992 年黄龙被列入《世界遗产名录》。

▲ 四川黄龙五彩池

一问一答

Q：黄龙的"四绝"和"七绝"分别指的是什么？

A："四绝"指的是彩池、雪山、峡谷、森林；
"七绝"指的是彩池、雪山、峡谷、森林、滩流、古寺、民俗。

川金丝猴

04 三江并流世界自然遗产

　　三江并流世界自然遗产地位于中国云南省西北山区，总面积 1.78 平方千米，遗产地 0.96 平方千米，缓冲区 0.82 平方千米。以"三江并流"，即金沙江、澜沧江、怒江并肩在崇山峻岭中奔流的奇景为主要特色。

　　它地处东亚、南亚和青藏高原三大地理区域的交汇处，是世界上罕见的高山地貌及反映其演化的代表地区，也是世界上生物物种最为丰富的地区之一。该遗产地由跨越丽江市、迪庆州、怒江州、保山市、大理州的 5 个自然保护区和 1 个国家级风景名胜区组

成，区内汇集了高山峡谷、雪峰冰川、高原湿地、森林草甸、淡水湖泊等奇异景观。

"三江并流"地区被誉为"世界生物基因库"，分布有高等植物210余科，1200余属，1万种以上，仅占有中国0.18%的面积却容纳了中国20%的高等植物。这里生存着哺乳动物170多种，鸟类400多种，爬行类59种，两栖类36种。每年春暖花开时，可以观赏到200多种杜鹃、近百种龙胆、报春及绿绒马先蒿、杓兰、百合等野生花卉。因此，植物学界将"三江并流"地区称为"天然高山花园"。2003年三江并流被列入《世界遗产名录》。

▲三江并流世界自然遗产——龙江峡谷

一问一答

Q："三江并流"指的是哪三条江？

A：怒江、澜沧江、金沙江。

05 四川大熊猫栖息地世界自然遗产

四川大熊猫栖息地是中国稀有的"活化石"动物——大熊猫的栖息地之一。四川大熊猫栖息地包括卧龙、四姑娘山、夹金山脉，遗产地面积9245平方千米，缓冲区面积5271平方千米。涵盖成都、阿坝、雅安、甘孜4个市（州）12个县。包括邛崃山和夹金山的7个自然保护区和9个风景名胜区，是全球最大、最完整的大熊猫栖息地，也是最重要的圈养大熊猫的繁殖地。

这里生活着全世界30%以上的野生大熊猫，也是小熊猫、雪豹及云豹等濒危物种栖息的地方，还是全球除热带雨林以外植物种类最丰富的区域之一。它曾被保护国际选定为全球25个生物多样性热点之一，被世界自然基金会确定为全球200个生态区之一。2006年四川大熊猫栖息地被列入《世界遗产名录》。

大熊猫

一问一答

Q：全球最大最完整的大熊猫栖息地是哪里？

 A：四川大熊猫栖息地。

▲ 大熊猫

06 三清山世界自然遗产

　　三清山是世界自然遗产、国家级风景名胜区、世界地质公园。三清山位于江西省上饶市东北部，因玉京、玉虚、玉华三峰峻拔，宛如道教玉清、上清、太清三位最高尊神列坐山巅而得名，面积229.5平方千米。

　　三清山植物区系组成丰富，垂直分布比较明显，是中国亚热带地区植物种类最丰富的地区之一，也是世界松科黄杉属的分布中心，菌类和地衣植物的分布非常突出。三清山不但植物物种丰富，而且保存了大量的珍稀品种，有许多树龄在百年以上甚至千年以上的古树。

　　除此之外，三清山的野生动物种类也很繁多，区

▲ 三清山世界自然遗产

系成分复杂，栖息着大量珍稀、特有的种类。其中国家一级重点保护野生动物有黑麂、云豹、白颈长尾雉、黄腹角雉、中华秋沙鸭、金斑啄凤蝶等。

三清山在一个相对较小的区域内汇聚了独特的花岗岩石柱与山峰，丰富的花岗岩造型石与多种植被、远近变化的景观及震撼人心的气候奇观相结合，创造了世界上独一无二的景观美学效果，呈现了引人入胜的自然美。

除了秀美的自然风光，这里也承载着千年的道教文化，共有古建筑遗存及石雕、石刻 230 余处。这些古建筑依八卦精巧布局、藏巧于拙，是研究我国道教古建筑设计布局的独特典范，被誉为"中国古代道教建筑的露天博物馆"。2008 年三清山被列入《世界遗产名录》。

一问一答

Q：“中国古代道教建筑的露天博物馆”指的是
哪个地方？

A：三清山。

07　中国南方喀斯特（系列）世界自然遗产

　　中国南方喀斯特分两期申报的系列世界自然遗产，分布在贵州省、云南省、重庆市、广西壮族自治区，涉及8个县（区），遗产地总面积971.25平方千米，缓冲区总面积176.23平方千米。第一期遗产地由石林喀斯特、荔波喀斯特、武隆喀斯特组成，于2007年列入《世界遗产名录》；第二期遗产地包括桂林喀斯特、施秉喀斯特、金佛山喀斯特、环江喀斯特，于2014年被列入《世界遗产名录》。中国南方喀斯系列遗产地全面、真实地展示了热带亚热带喀斯特从青年

▲ 地质公园

期到老年期、从高原山地到低山丘陵发育演化的完整序列，有着深刻的科学内涵和悠久的历史故事。

中国南方喀斯特集中了中国最具代表性的喀斯特地形地貌区域，是世界上最壮观的"湿热带－亚热带喀斯特"景观之一。它包含了最重要的岩溶地貌类型，塔状岩溶、尖顶岩溶和锥形岩溶地层，以及天然桥梁、峡谷和大型洞穴系统等地貌特征。

中国南方喀斯特这一区域有很多景观享誉国内外。例如，云南石林素以雄、奇、险、秀、幽、奥、旷著称，被称为"天下第一奇观""世界喀斯特的精华"；贵州荔波是布依族、水族、苗族和瑶族等少数

▲ 广西桂林喀斯特

民族聚集处，曾入选"中国最美的地方"。

▲ 石林之夏

一问一答

Q：中国南方喀斯特由哪些喀斯特群组成？

A：中国南方喀斯特是由石林、荔波、武隆、桂林、施秉、金佛山、环江喀斯特——云南、贵州、广西、重庆4个省（自治区、直辖市）的7个喀斯特群组成的系列遗产地。

△ 贵州荔波喀斯特

08　中国丹霞世界自然遗产

　　中国丹霞世界自然遗产由中国南方亚热带 6 个典型丹霞地貌系列遗产构成，其主体要素是丹霞地貌，这种地貌是由红色陆相砾岩和砂岩在内动力（包括隆起和断裂）和外动力（包括风化和侵蚀）等共同作用下形成的一种地貌类型。这里跌宕起伏的地形，对保护亚热带常绿阔叶林、包括约 400 种珍稀濒危物种在内的丰富动植物资源和独特的生物多样性起到了重要作用。2010 年中国丹霞被列入《世界遗产名录》。

△ 广东丹霞山

△ 丹霞山茶壶峰

中国丹霞的共同特点是壮观的红色悬崖以及一系列侵蚀地貌，包括雄伟的天然岩柱、岩塔、沟壑、峡谷和瀑布等。

△ 世外桃源

一问一答

Q：中国丹霞世界自然遗产包括哪些地方？

A：中国丹霞包括贵州赤水、福建泰宁、湖南崀山、广东丹霞山、江西龙虎山（包括江西龟峰）、浙江江郎山。

09　澄江化石地世界自然遗产

澄江化石地位于云南省玉溪市澄江县境内，遗产地面积为 5.12 平方千米，缓冲区面积为 2.2 平方千米，距今 5.3 亿年。澄江化石地于 1984 年被发现，是中国首个化石类世界遗产地，填补了中国化石类自然遗产的空白。

澄江化石地共涵盖 16 个门类、200 余个物种，这在世界同类化石地中极为罕见，完整展示了寒武纪

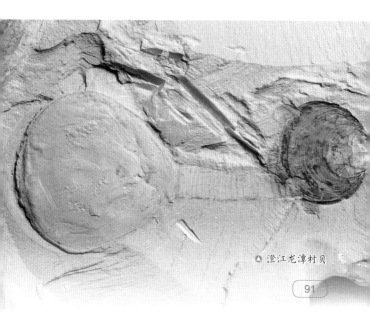

△ 澄江龙潭村贝

溢江化石地自然博物馆

早期海洋生物群落和生态系统。澄江化石地最为独特之处，就是 5.3 亿年前古生物的软躯体构造居然成为化石，完整保存在岩层中。这些古生物化石不仅保存了生物的骨骼，还保存了表皮、纤毛、眼睛、肠胃、消化道、口腔、神经等各种软组织。

澄江古生物化石群生动地再现了 5.3 亿年前海洋生命的壮丽景观和现今生物的原始特征，并证明寒武纪生物大爆炸的真实性，打破了达尔文进化理论的局限性，被誉为"20 世纪最惊人的科学发现之一"。2012 年澄江化石地被列入《世界遗产名录》，是亚洲唯一的化石类世界自然遗产。

◎ 帽天山

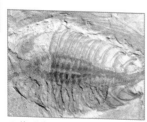

◎ 镜眼海怪虫

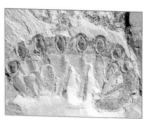

◎ 中华微网虫

一问一答

Q：中国首个化石类世界遗产是哪里？

A：位于云南省玉溪市澄江县境内的澄江化石地。

10　新疆天山世界自然遗产

新疆天山世界自然遗产位于新疆维吾尔自治区，是天山山脉的东部部分，由博格达、巴音布鲁克、托木尔、喀拉峻－库尔德宁四大片区构成的系列遗产，遗产地面积达 6068.33 平方千米，缓冲区 4911.03 平方千米。遗产地将反差巨大的炎热与寒冷、干旱与湿润、荒凉与秀美、壮观与精致奇妙地汇集在一起，展现了独特的自然美。遗产地也是中亚山地众多珍稀濒危物种、特有种的最重要栖息地，突出代表了这一区域由暖湿植物区系逐步被现代旱生的地中海植物区系所替代的生物进化过程。2013 年，新疆天山被列入《世界遗产名录》。

博格达片区地处阜康市境内，博格达峰是天山东部的最高峰，在此发育了丰富的冰川。区域内生物物种繁多，多样性丰富。1990 年，被联合国教科文组织批准为人与生物圈"博格达峰生物圈保护区"。巴音布鲁克片区位于天山中部，是全国最大的高山高寒草甸草原，也是天山高位山间盆地的突出代表，具有典型的高山草甸和高寒湿地生态系统，拥有全国唯一的国家级天鹅自然保护区。托木尔片区位于新疆维吾尔自治区温宿县，天山最高峰——托木尔峰（海拔7443米）位于该片区内。托木尔是天山最大的现代冰川发育中心、世界著名的山岳冰川分布区之一、全球超大型山岳冰川的集中分布区之一，具有无与伦比的美学价值，也是世界上雪豹重要的天然栖息地之一

和中亚分布中心。喀拉峻－库尔德宁片区位于新疆伊犁哈萨克自治州特克斯县和巩留县。喀拉峻是世界上少有的以高山天然优质草原为主体的纯自然景观特征遗产地，喀拉峻生物多样性较为丰富，共有维管束植物1594种，野生脊椎动物223种。库尔德宁拥有国内最大的天山特有物种——雪岭云杉。

新疆天山世界自然遗产

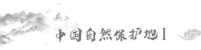

一问一答

Q：天山横跨了哪几个国家？

 A：天山山脉东西横跨中国、哈萨克斯坦、吉尔吉斯斯坦和乌兹别克斯坦四国。

11　青海可可西里世界自然遗产

　　青海可可西里位于青藏高原东北端，这里是世界上最大、海拔最高的高原，面积约为 3.74 万平方千米，缓冲区面积为 2.29 万平方千米，2017 年被列入《世界遗产名录》，是目前中国面积最大的世界自然遗产。独特的地理气候孕育了独特的生物多样性，超过三分之一的植物物种和所有食草哺乳动物都是高原特有的。这片土地确保了藏羚羊的完整迁徙路线，演绎了众多感人的故事。

▲ 青海可可西里世界自然遗产

　　看过电影《可可西里》的人，即使没有去过可可西里，也一定对可可西里成群结队的动物印象深刻。可可西里已知哺乳动物有 30 种，鸟类有 56 种；拥有野牦牛、藏羚羊、藏野驴、白唇鹿等青藏高原上特有的野生动物。可可西里是中国动物资源比较丰富的地区之一，拥有野生动物多达 230 多种。

　　由于该区地势高亢，气候干旱寒冷，植被类型简单，食物条件及隐蔽条件较差，所以动物组成简单。但是，除猛兽、猛禽多单独活动外，有蹄类动物具结群活动或群聚栖居的习性，种群密度较大，数量较多。

○ 可可西里藏羚羊

○ 藏野驴

▲ 藏羚羊

一问一答

Q：你能举例说说，可可西里有哪些野生动物吗？

A：可可西里的野生动物有牦牛、藏羚羊、藏野驴、白唇鹿、棕熊等。

12　湖北神农架世界自然遗产

　　湖北神农架世界自然遗产地地处华东平原丘陵区与华中山区之间的生态过渡带，遗产地面积733.18平方千米，缓冲区面积415.36平方千米。神农架保留了中国中部最大的原始森林，是中国生物多样性最丰富的三大区域之一；拥有世界上最完整的垂直自然带谱，为大量珍稀动植物提供了栖息地，是世界上广泛引种的园艺物种原生地。遗产地内有3767种维管束植物，590个温带植物属，共有205个本地特有种、2个特有属和1793个中国特有种。现已记录脊

▲ 神农架公园

🔺 神农架大九湖湿地

椎动物 600 多种，已发现昆虫 4365 种。神农架一直是科研热点地区，在植物学研究史上有重要意义。19~20 世纪一些著名的国际植物学专家在该地区开展了植物采集活动。神农架还是许多物种的模式标本采集地。2016 年神农架被列入《世界遗产名录》。

湖北神农架是中国特有的珍稀动物川金丝猴的主要栖息地。川金丝猴分布于四川、陕西、甘肃的部分地区和湖北省的神农架。川金丝猴主要栖息在海拔 1700~3100 米的针叶林和针阔叶混交林中，集中分布在保护区西片的东部区域。

🔺 神农谷石林

🔺 神农架国家公园（试点）

阴峰谷云海

 一问一答

Q：神农架被称为"三冠王"，指的是什么？

 A：神农架是中国首个被联合国教科文组织世界生物圈保护区网络、世界地质公园网络、世界自然遗产三大保护制度共同录入的自然保护地。

△ 川金丝猴家族群

13 梵净山世界自然遗产

　　梵净山位于贵州省铜仁市境内，是武陵山脉主峰，遗产地面积 402.75 平方千米，缓冲区面积 372.39 平方千米。梵净山生态系统保留了大量古老孑遗、珍稀濒危和特有物种，拥有 4394 种植物和 2760 种动物，是东方落叶林生物区域中物种最丰富的热点区域之一，是黔金丝猴和梵净山冷杉唯一的栖息地和分布地，是全球裸子植物最丰富的地区，是水

青冈林在亚洲最重要的保护地，也是东方落叶林生物区域中苔藓植物最丰富的地区。2018 年，梵净山被列入《世界遗产名录》。

原始森林里栖息着多种濒临灭绝的国家重点保护动物，如黔金丝猴、藏酋猴、云豹、苏门羚、黑熊等。其中黔金丝猴被誉为"地球的独生子"，是国家一级重点保护野生动物。

▲ 黔金丝猴

　　贵州是一个多山的省份，大山的阻隔造就了贵州少数民族的多元文化。梵净山及其周边地区聚集着土家族、侗族、苗族、仡佬族等多个少数民族。

⌃ 亚洲黑熊

一问一答

Q：你能简要介绍一下梵净山的植物种类吗？

A：梵净山有植物种类 4394 种，国家重点保护植物 40 种、动物 43 种，是亚热带生物多样性最重要的栖息地之一。

14 中国黄（渤）海候鸟栖息地（第一期）

中国黄（渤）海候鸟栖息地申遗项目范围涉及黄（渤）海多个候鸟栖息地。第一期于 2019 年入选世界自然遗产，范围包括江苏盐城湿地珍禽国家级自然保护区部分区域、江苏大丰麋鹿国家级自然保护区全境、江苏盐城条子泥市级湿地公园、江苏东台市条子泥湿地保护小区和江苏东台市高泥淤泥质海滩湿地保护小区。

遗产地位于东亚－澳大利西亚候鸟迁飞路线的中心位置，每年有鹤类、雁鸭类和鸻鹬类等大批多种类的候鸟选择在此停歇、越冬或繁殖。其中，全球极度濒危鸟类勺嘴鹬 90% 以上种群在此栖息，最多时有全球 80% 的丹顶鹤来此越冬，濒危鸟类黑嘴鸥等在此繁殖，数量众多的小青脚鹬、大杓鹬、黑脸琵鹭、大滨鹬等长距离跨国迁徙的鸟类在此停歇补充能量。

△ 麋鹿群

121

鹤鸣朝阳

▲ 大杓鹬

一问一答

Q：中国黄（渤）海候鸟栖息地第一期包括哪些地方？

A：包括江苏盐城湿地珍禽国家级自然保护区部分区域、江苏大丰麋鹿国家级自然保护区全境、江苏盐城条子泥市级湿地公园、江苏东台市条子泥湿地保护小区和江苏东台市高泥淤泥质海滩湿地保护小区。

▲ 中国黄(渤)海候鸟栖息地

15 泰山世界文化与自然双重遗产

俗语说"五岳归来不看山"，可见，这五座山在中国地理和历史上有着极其重要的地位。特别是其中的泰山，有着"五岳之首"的美誉，是中国、也是世界上第一个世界文化与自然双重遗产。

泰山位于山东省东部，华北平原的东侧，遗产地面积为250平方千米，主峰玉皇顶海拔高度约为1545米。

由于受黄海、渤海的影响，泰山雨量丰富，是干、湿交替的过渡带，所以植物生长极为茂盛，泰山1.8万余株百年以上的古树名木渗透着历史文化的内涵。著名的有汉柏凌寒、一品大夫、宋朝银杏、百年紫藤

△ 五岳独尊

等，每一株都是历史的见证。

　　泰山的动物主要为鲁中南山地丘陵的动物地理区的代表性类群，并且多为华北地区可见种。

　　除了美丽的自然风光与丰富的动植物资源，泰山悠久灿烂的历史更具魅力。泰山自古就是四海一统、国泰民安的象征。数千年来，封建帝王封禅告祭，文人名士登临抒怀，儒释道观和合共处，平民百姓顶礼膜拜，使之成为中华民族的精神家园。

　　世界遗产委员会对泰山的评价是："近两千年来，庄严神圣的泰山一直是帝王朝拜的对象。山中的人文杰作与自然景观完美和谐地融合在一起。泰山一直是中国艺术家和学者的精神源泉，是古代中国文明和信仰的象征。"

一问一答

Q：“五岳”指的是哪五座山？

A：“五岳”分别是中岳嵩山、东岳泰山、西岳华山、南岳衡山、北岳恒山。

△ 迎客松

16 黄山世界文化与自然双重遗产

　　黄山位于安徽省南部黄山市境内，遗产地面积160.6平方千米，缓冲区面积490平方千米。有七十二峰，主峰莲花峰海拔1864米，与光明顶、天都峰并称三大黄山主峰。1990年，黄山入选世界文化与自然双重遗产，被誉为"震旦国中第一奇山"。

　　黄山迎客松是安徽人民热情友好的象征，承载着拥抱世界的东方礼仪文化。明朝地理学家徐霞客曾经在登临黄山时这样评价："薄海内外之名山，无如徽之黄山。登黄山，天下无山，观止矣！"也就是大家所说的"五岳归来不看山，黄山归来不看岳"。

▲ 黄山

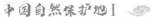

黄山生态系统较为稳定平衡，植物群落完整而垂直分布，景区森林覆盖率为 84.7%，植被覆盖率达 93.0%，有高等植物 222 科 827 属 1805 种。首次在黄山发现或以黄山命名的植物有 28 种，著名的有黄山松、黄山杜鹃等。中国三分之一的苔藓植物和一半以上的蕨类植物都分布在黄山。

黄山也是动物栖息和繁衍的理想场所，有高等动物 297 种，其中，国家一级重点保护野生动物有云豹、金钱豹、黑麂、梅花鹿、白颈长尾雉、白鹳等。

🔺 梅花鹿

黄山

一问一答

Q：中国入选世界文化与自然双重遗产的自然保护地有哪些？

A：泰山，黄山，峨眉山 – 乐山大佛，武夷山。

17　武夷山世界文化与自然双重遗产

武夷山位于江西与福建西北部两省交界处，遗产地面积1070.44平方千米，缓冲区401.7平方千米，是中国著名的风景旅游区和避暑胜地。属典型的丹霞地貌，是首批国家级风景名胜区之一。

武夷山是地球同纬度地区保护最好、物种最丰富的生态系统，拥有2527种植物物种，近5000种野生动物。在动物种类中，以两栖类、爬行类和昆虫类分布众多而闻名于世，生物学家把武夷山称为"研究两栖和爬行动物的钥匙""鸟类天堂""蛇的王国""昆虫世界"。

1999年12月，武夷山国家级自然保护区与武夷山风景名胜区联合申报世界文化与自然双重遗产获得成功，2017年通过边界微小调整，将江西铅山县境内的武夷山北部纳入武夷山世界遗产。

△ 武夷山

一问一答

Q：武夷山地跨哪两个省份？

A：武夷山地跨福建与江西两个省份。

▲ 武夷山

18　峨眉山－乐山大佛世界文化与自然双重遗产

　　峨眉山－乐山大佛世界文化与自然双重遗产地包括峨眉山和乐山大佛两部分，面积分别为 154 平方千米和 0.18 平方千米。1990 年峨眉山－乐山大佛作为我国第二项世界文化与自然双重遗产被列入《世界遗产名录》。峨眉山位于四川省西南部，是中国"四大佛教名山"之一。地势陡峭，风景秀丽，万佛顶最高海拔约 3099 米。

　　峨眉山生物种类丰富，特有物种繁多，保存有完整的亚热带植被体系，有植物 3200 多种，约占中国植物物种总数的十分之一，素有"植物王国"之称。峨眉山还是多种稀有动物的栖息地，动物种

▲ 峨眉金顶

类达 2300 多种。峨眉山的猴子时常成群结队地向游客讨要食物，令人哭笑不得。

公元 1 世纪，在四川省峨眉山景色秀丽的山巅上，落成了中国第一座佛教寺院。随着四周其他寺庙的建立，该地成为佛教的主要圣地之一。历经 20 个世纪，文化财富大量积淀，其中最著名的要数乐山大佛。

乐山大佛位于峨眉山东麓的栖鸾峰，古称"弥勒大像""嘉定大佛"，始凿于唐代开元初年（公元 713 年），历时 90 年才得以完成。佛像依山临江开凿而成，通高 71 米，是世界现存最大的一尊摩崖石像，有"山是一尊佛，佛是一座山"的称誉。佛座南北的两壁上，还有唐代石刻造像 90 余龛，其中亦不乏佳作。

△ 乐山大佛

一问一答

Q：峨眉山是"中国佛教四大名山"之一，
你知道另外三座山是什么吗?

A："中国佛教四大名山"分别是山西五台山、
浙江普陀山、四川峨眉山、安徽九华山。

▲ 峨眉山